BEI GRIN MACHT SICH IHR WISSEN BEZAHLT

Hydraulische Strömungsmodelle und Abflussrouting im Vorfluter. Modellansätze und Parameterbedarf

Andreas Kochanowski

Bibliografische Information der Deutschen Nationalbibliothek:

Die Deutsche Nationalbibliothek verzeichnet diese Publikation in der Deutschen Nationalbibliografie; detaillierte bibliografische Daten sind im Internet über http://dnb.d-nb.de abrufbar.

ISBN: 9783346301697
Dieses Buch ist auch als E-Book erhältlich.

Druck und Bindung: Books on Demand GmbH, Norderstedt Germany
Gedruckt auf säurefreiem Papier aus verantwortungsvollen Quellen

Das vorliegende Werk wurde sorgfältig erarbeitet. Dennoch übernehmen Autoren und Verlag für die Richtigkeit von Angaben, Hinweisen, Links und Ratschlägen sowie eventuelle Druckfehler keine Haftung.

Das Buch bei GRIN: https://www.grin.com/document/958023

Friedrich-Schiller-Universität Jena
Institut für Geographie
Wintersemester 05/06

Hauptseminar Hydrologische Modellierung

Hausarbeit zum Thema:

Hydraulische Strömungsmodelle und Abflussrouting im Vorfluter.
Modellansätze und Parameterbedarf.

Andreas Kochanowski

Inhaltsverzeichnis

1 Einleitung

Das Strömungsverhalten von Gewässern ist nicht erst in der heutigen Zeit von Interesse für die Menschen. Bereits vor 4000 Jahren in Ägypten beobachteten die Menschen den Nil. Das jährliche Nilhochwasser, bildete damals die Existenzgrundlage der Ägyptischen Zivilisation. Das Hochwasser brachte den nährstoffreichen Nilschlamm, so dass das Hochwasser mit „Freuden" erwartet wurde. Heute hat sich dies geändert, vor allem in den dicht besiedelten Gebieten an großen Flüssen, die häufig von Hochwasser betroffen sind z.B. Köln. Mit Hilfe von Abflussrouting kann der Verlauf von Hochwasserwellen modelliert werden, so dass bei Gefahr Vorsichtsmaßnahmen getroffen werden können (MANIAK 1992:58).

In der Hausarbeit soll ein Überblick gegeben werden, in welche Arten von Strömungen ein Vorfluter eingeteilt werden kann und aufzeigen welche Modellansätze bei Strömungsmodellen verwendet werden. Außerdem soll geklärt werden, welche Parameter bei Strömungsmodellen und beim Abflussrouting notwendig sind.

2 Fließvorgänge im offenen Gerinne

Durch Oberflächenabfluss, Interflow und Grundwasserabfluss kommt es zu einer Ansammlung von Wasser im Gewässerbett des Vorfluters. Das gesammelte Wasser im Vorfluter folgt nun dem größten Steigungsgefälle und es tritt ein Fließvorgang im offenen Gerinne ein. Das Wasser im Vorfluter bewegt sich dem größten Gefälle folgend, bis es schließlich in einen See bzw. dem Meer mündet. Während dieses Fließvorganges wird der Vorfluter durch Nebenflüsse und/oder Grundwassereintrag weiterhin gespeist. Das, sich bewegende, Wasser im Gerinne steht mit den Böden an seinen Ufern in einer Wechselbeziehung. Der Vorfluter kann durch Zwischenabfluss und Grundwasserabfluss gespeist werden, ebenso aber auch Wasser an die Böden im ufernahen Bereich abgeben. Dieses abgegebene Wasser kann teilweise zur Grundwasserneubildung beitragen. Beispielsweise bei dem Durchlauf einer Hochwasserwelle, kann Wasser vorübergehend in den ufernahen Bodenschichten gespeichert werden. Dieser Prozess wird als Uferspeicherung bezeichnet. Nach dem Abklingen des Hochwasserereignisses wird das Wasser, welches im ufernahen Bereich gespeichert war, wieder an das Fließgewässer abgegeben. Die Größe der Uferspeicherung richtet sich nach Dauer, Höhe und Form der Hochwasserwelle, der Transmissivität (≈hydraulische Leitfähigkeit) und der räumlichen Ausdehnung des Grundwasserleiters. Je größer die Ausdehnung des Grundwasserleiters, desto größer auch das Wasservolumen, welches gespeichert werden kann (BAUMGARTNER & LIEBSCHER 1996:501-504).

3 Kräfte die auf Wasser im offenen Gerinne wirken

Es kann in zwei Arten von Kräften unterschieden werden. Einmal in die Volumenkräfte, oder auch body forces in der englischen Literatur, und in die Flächenkräfte bzw. surface forces. Das Merkmal der Volumenkräfte ist, dass diese Kräfte auf das gesamte Volumen der Flüssigkeitselemente bzw. auf jeden „Körper" im Volumen wirken. Die Gravitations- und Schwerkraftkraft sind solche Volumenkräfte die auf das gesamte Wasservolumen im offenen Gerinne wirken.

Flächenkräfte sind dadurch charakterisiert, dass diese Kräfte nur an Begrenzungsflächen bzw. „Oberflächen" von Flüssigkeitselementen wirken. (Atmosphärischer) Druck der auf die Wasseroberfläche eines offenen Gerinnes wirkt und die Spannungskräfte, die durch Reibung z.B. im Gerinnebett entsteht, werden als Flächenkräfte bezeichnet (HORNBERGER ET AL.1998:69, BAUMGARTNER & LIEBSCHER 1996:506f.)

Die Summe der Schwer-, Druck- und Reibungskraft sind die maßgeblichen Kräfte, die den Bewegungsvorgang des Wassers im Gerinne beeinflussen (DYCK 1978:86).

4 Charakterisierungen von Strömungen

4.1. Stationäre bzw. Instationäre Strömung

Wenn sich Wassertiefe und Fließgeschwindigkeit, an einem bestimmten Punkt des Gerinnes, über einen Zeitinterval nicht verändern, wird dies als stationäre Strömung bezeichnet. Ändert sich die Wassertiefe oder Fließgeschwindigkeit an einem bestimmten Punkt im Gerinne, z.B. als Folge von Wellen oder Strudeln, wird von einer instationären Strömung gesprochen (GORDON ET AL. 1992:219).

Bei instationärer Strömung kann des Weiteren zwischen einer beschleunigten und einer verzögerten Strömung unterschieden werden. Bedingt wird dies durch eine Zunahme der Geschwindigkeit über die Zeit bzw. durch eine Abnahme der Geschwindigkeit über die Zeit an einem bestimmten Ort. Bei stationärer Strömung ist die lokale Beschleunigung gleich 0 und es wird deshalb auch von einer gleichförmigen Strömung gesprochen (BAUMGARTNER & LIEBSCHER 1996:511). In der Abbildung 1 ist dieser Unterschied grafisch festgehalten.

Veränderungen der Tiefe oder der Fließgeschwindigkeit an einem bestimmten Punkt im Gerinne verändert sich normalerweise nur langsam über die Zeit, auch bei Hochwasserereignissen. In der hydraulischen Strömungsmodellierung wird deshalb oft als Vereinfachung von einer stationären Strömung ausgegangen, obwohl dies in der Natur defakto nicht der Fall ist. Beim hydraulischen Routing wird allerdings oft von vereinfachter instationärer Strömung ausgegangen (HAESTAD ET AL.2003:23).

Abb.1 Formen des Abflusses bei stationärer Gerinneströmung (gleichförmige Strömung $\delta \vec{v}$ / $\delta t=0$) und instationärer Gerinneströmung (beschleunigte $\delta \vec{v}$ / $\delta t > 0$ und verzögerter Strömung)$\delta \vec{v}$ / $\delta t<0$ (BAUMGARTNER & LIEBSCHER 1996:511)

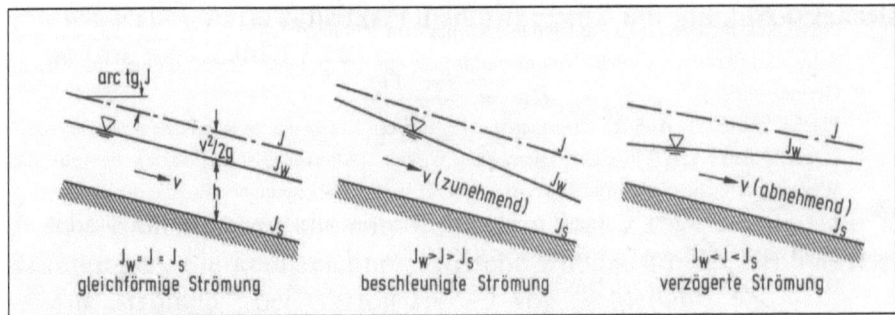

4.2. Laminare bzw. Turbulente Strömung

Die Strömung des Wassers im Vorfluter kann als laminare oder turbulente Strömung charakterisiert werden. Bewegt sich jedes Wasserteilchen entlang eines speziellen Weges mit einer einheitlichen Geschwindigkeit, wird von laminarer Strömung gesprochen. Zwischen den einzelnen Stromlinien bzw. fließenden Elementen findet kein Austausch (Diffusion) statt. Nur in sehr langsam fließenden Flüssen herrscht laminare Strömung. Der Hauptteil der Flüsse ist durch turbulente Strömung, in Folge von Verwirbelungen im Wasser, charakterisiert (BAUMGARTNER & LIEBSCHER 1996:511f).

Bei turbulenter Strömung kommt es zu einer Diffusion bzw. Durchmischung der einzelnen fließenden Elemente, so dass sie sich nicht auf einem speziellen Weg mit einer einheitlichen Geschwindigkeit bewegen. Turbulente Strömung ist unter anderem gekennzeichnet durch Strudel im Wasser (HAESTAD ET AL.2002:3).

Es treten Turbulenzen auf, die kleine Geschwindigkeitsfluktuationen verursachen, die zufällig und in alle Richtungen verteilt sind. Durch den ständigen Austausch zwischen den einzelnen Fließebenen, sind die Energieumsätze sehr hoch. „Der Widerstand gegen das Fließen steigt mit dem Quadrat der Fließgeschwindigkeit" (BAUMGARTNER & LIEBSCHER 1996:513). Die Fließgeschwindigkeit nimmt mit zunehmender Wassertiefe nur langsam ab, aber in der Nähe der Gewässersohle erfolgt dann eine rapide Abnahme (BAUMGARTNER & LIEBSCHER 1996:513).

Laminare Strömung kann durch lineare Gleichungen ordentlich beschrieben werden. Turbulente Strömung kann mathematisch nur statistisch beschrieben werden, denn es ist unmöglich die zerstreute Bewegung von Millionen einzelnen Wassermolekülen vorherzusagen. Deren Bewegung wird daher nur in Form eines Durchschnittes angegeben (GORDON ET AL.1992:226).

4.3 Die REYNOLDsche Zahl

Die REYNOLDsche Zahl ist ein Mittel um eine Strömung als laminar oder turbulent auf mathematischer Art zu bestimmen. Die Reynoldsche Zahl ist definiert als das Verhältnis der Trägheitskräfte zu den Reibungskräften. Die REYNOLDsche Zahl ist dimensionslose Zahl und bei Zahlen kleiner als 500, kann von überwiegender laminarer Strömung ausgegangen werden. Werte größer 750 bedeuten, dass vorwiegend turbulente Strömung vorherrscht. Im offenen Gerinne mit hohen Rauheitswerten der Flussbetten, tritt meist schon bei Werten ab 500 turbulente Strömung auf. Ursachen für den Wechsel von laminare zu turbulenter Strömung sind Änderungen der Fließgeschwindigkeit oder der Wassertiefe. Die notwendigen Parameter zur Berechnung der REYNOLDschen Zahl (**Re**) sind die mittlere Fließgeschwindigkeit (υ_m), der hydraulische Radius (r_{hy}) und die kinematische Viskosität(v) (BAUMGARTNER & LIEBSCHER 1996:512).

$$\mathrm{Re} = \frac{\upsilon_m \cdot r_{hy}}{v} \qquad (1)$$

Der hydraulische Radius wird berechnet aus dem Fließquerschnitt (A) und dem benetzten Umfang (U).

$$r_{hy} = \frac{A}{U} \qquad (2)$$

Die folgende Abbildung soll verdeutlichen, was mit dem benetzten Umfang gemeint ist.

Abb.2 Hydraulischer Radius r_{hy} = A/U (BAUMGARTNER & LIEBSCHER 1996:512)

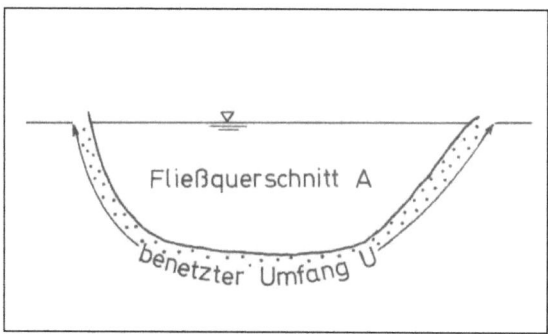

4.4 Strömender bzw. Schießender (Ab)Fluss

Der Abfluss im Vorfluter kann unterteilt werden, in einen strömenden (ruhig) Abfluss und in einen schießenden (heftig-schnell)Abfluss. Bei einem schießenden Fluss erfolgt der Abfluss mit großer Fließgeschwindigkeit, bei einer geringen Wassertiefe. Die Ursache dafür ist, dass bei kleinen Wassertiefen eine kleine potentielle Energie herrscht, aber die kinetische Energie, dafür viel größer ist bei einem bestimmten Abfluss. Ist bei dem gleichen Abfluss dagegen die Wassertiefe große und die Fließgeschwindigkeit klein, ist auch die kinetische Energie kleiner als die potentielle Energie. Daher wird von einem strömenden Abfluss gesprochen. Ob Wasser in einem Gerinne strömt oder schießt, ist unabhängig davon ob laminare oder turbulente Strömung vorherrscht (BAUMGARTNER & LIEBSCHER 1996:513).

Im englischsprachigen Raum wird zwischen subcritical flow (strömend) und supercritical flow (schießend) unterschieden. Im Gelände kann leicht mit einem Hilfsmittel wie mit einem Ast oder Stift im Vorfluter getestet werden, welche Art von Strömung vorliegt. Wird der Ast/Stift senkrecht in das fließende Gewässer gehalten, bildet sich ein V-förmiges Wellenmuster auf der Wasseroberfläche. Bildet sich dieses Wellenmuster flussaufwärts von dem Ast/Stift, kann von einem subcritical flow ausgegangen werden. Herrscht ein supercritical flow, bildet sich dieses Wellenmuster nicht aus (GORDON ET AL. 1992:276f).

Die folgende Abbildung soll den Unterschied zwischen einem subcritical flow und einem supercritical flow noch einmal grafisch verdeutlichen.

Abb.3 Detection of (a) subcritical and (b) supercritical flow at the water surface (GORDON ET AL. 1992:277)

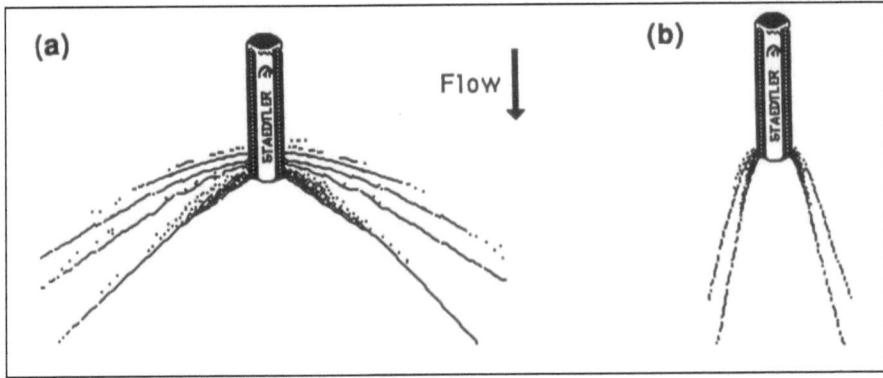

4.5 Die FROUDE'sche Zahl

Die FROUDE'sche Zahl ist Mittel um mathematisch zu bestimmen ob die Fließbedingungen strömend oder schießend sind. Definiert ist die FROUDE'sche Zahl als Verhältnis zwischen der Trägheitskraft und der Schwerkraft und ist ebenfalls wie die REYNOLDsche Zahl eine dimensionslose Zahl.

Bei Werten kleiner 1 wird von einem strömenden (Ab)Fluss oder subcritical flow gesprochen. Sind die Werte größer 1, handelt es sich um einen schießenden (Ab)Fluss bzw. supercritical flow. Berechnet wird die FROUDE'sche Zahl (**Fr**) mit Hilfe der mittleren Fließgeschwindigkeit (υ m), dem hydraulischen Radius (r_{hy}) und der Fallbeschleunigung (**g**) (BAUMGARTNER & LIEBSCHER 1996:513).

$$Fr = \frac{\upsilon_m^2}{r_{hy} \cdot g} \qquad (3)$$

5 Die Fließgeschwindigkeit bzw. Strömungsgeschwindigkeit

5.1 Die Variation der Fließgeschwindigkeit

Die Fließgeschwindigkeit bzw. die Strömungsgeschwindigkeit ist die Geschwindigkeit mit der sich Wasser im offenen Gerinne bewegt und wird mit Meter pro Sekunde [m/s] angegeben. Die Fließgeschwindigkeit ist nicht an jedem Ort im Vorfluter gleich, sondern variiert horizontal und vertikal mit der Form des Fließquerschnittes auf Grund der unterschiedlichen Reibung (HAESTAD ET AL.2003:19). Die Strömungsgeschwindigkeit nimmt zu wenn das Gefälle größer wird und die Gerinnebettrauheit abnimmt. Durch Veränderung des Gerinnebettes über die Zeit(Sedimentation/Erosion), kann die Fließgeschwindigkeit auch über die Zeit an einem Ort variieren. Die vertikale Variation oder auch die Variation der Fließgeschwindigkeit über die Tiefe, ist durch die Reibung am Gerinnebett gegeben. Direkt am Gerinnebett geht die Fließgeschwindigkeit gegen Null. Mit vertikalem Abstand vom Gerinnebett, steigt auch die Fließgeschwindigkeit. Die maximale Fließgeschwindigkeit wird kurz unter der Wasseroberfläche erreicht. Denn der Luftdruck führt zur Reibung an der Wasseroberfläche im Vorfluter, so dass dort nicht die maximale Fließgeschwindigkeit erreicht werden kann. In Abbildung 4 (a) ist ein typisches Geschwindigkeitsprofil über die Tiefe dargestellt. Das Profil kann je nach Vorhandensein von Wasserpflanzen oder Geröllen im Flussbett variieren (GORDON ET AL. 1992:267f).

Abb.4 Three variations on the vertical velocity profile (GORDON ET AL. 1992:268).

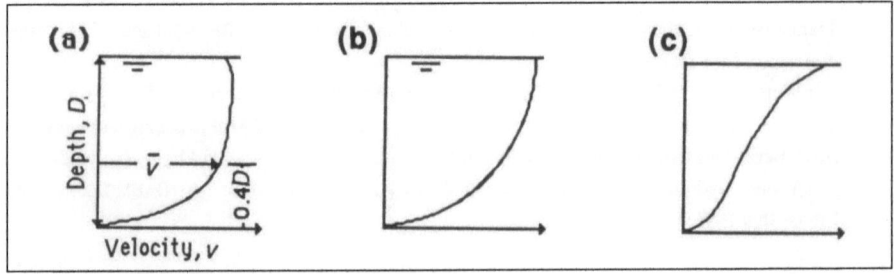

Horizontal variiert die Fließgeschwindigkeit mit der Entfernung vom Ufer. Sprich die Strömungsgeschwindigkeit ist in der Mitte vom Fließquerschnitt am größten, da hier die Reibung von den Uferbänken am kleinsten ist. In der Abbildung 5 (a) ist ein ideales Fließquerschnittsprofil mit Isolinien dargestellt, wobei (b) ein Fließquerschnittsprofil in einer Flussbiegung darstellt (GORDON ET AL. 1992:269).

Abb.5 Velocity contours or isovels at stream cross-sections: (a) in a relatively straight section and (b) at a bend. In both diagrams, V4>V3>V2>V1. Adapted from Morisawa (1985), by permission of Longman Group, UK (GORDON ET AL. 1992:269).

Sehr einfach gesagt, hängt die Fließgeschwindigkeit vom Gefälle und von der Reibung ab, die durch das Gerinnebett und die Ufervegetation hervorgerufen wird.

5.2 Die Messung der Strömungsgeschwindigkeit

Die Messung der Strömungsgeschwindigkeit erfolgt mit einem Messflügel. Dazu wird der Durchflussquerschnitt bzw. Durchflussprofil an diesem Punkt vom Vorfluter ermittelt (Tiefen-& Breitenmessung des wasserführenden Querschnittes). Der Messquerschnitt wird in einzelne Teilbereiche unterteilt und an Messlotrechten wird in unterschiedlichen Tiefen, mit Hilfe des Messflügels, die Fließgeschwindigkeit ermittelt (DYCK & PESCHKE 1995:93f). Da die mittlere Fließgeschwindigkeit ermittelt werden soll, wird in den einzelnen Teilbereichen, bei einer Einpunktmessung, in einer Höhe von vier zehntel (0.4h) aufwärts vom Gerinnebett gemessen und später aufsummiert. Doch Mehrpunktmessungen die in MANIAK (1992:66-71) und DYCK & PESCHKE (1995:93-97) beschrieben werden, liefern genauere Ergebnisse. Als graphisches Ergebnis dienen Querschnittsprofile mit Linien gleicher Geschwindigkeit (Isotachen) wie sie in Abbildung 5 zu sehen sind (GORDON ET AL. 1992:161). Eine weitere Möglichkeit die Strömungsgeschwindigkeit zu bestimmen, sind Ultraschallgeräte, die sich den Doppler-Effekt zu nutze machen. Jedoch müssen bestimmte hydraulische Randbedingungen beachtet werden. Es darf nicht zuviel Sedimentfracht transportiert werden, es dürfen keine Rückströmungen vorhanden sein, der Fließquerschnitt darf sich nicht zu schnell ändern und es bedarf einen erheblichen Aufwand in der Installation. Es wird die lokale Geschwindigkeit gemessen, soll dagegen die mittlere Fließgeschwindigkeit ermittelt werden, muss diese erst durch eine lineare Gleichung mit einem Geschwindigkeitskoeffizienten ermittelt werden. Deshalb eignet sich diese Methode nur in selten Fällen und unter bestimmten hydraulischen (Standort-)Bedingungen (SIESCHLAG 2005:8-12).

Ist die mittlere Fließgeschwindigkeit [V in m/s] ermittelt lässt sich mit Hilfe des Durchflussquerschnittes [A in m^2] der Abfluss [Q in m^3/s] berechnen (GORDON ET AL. 1992:157).

$$Q = V \cdot A \qquad (4)$$

Mit Hilfe von Abflussmessungen und Wasserstandsaufzeichnungen sind die wichtigen Vorraussetzungen für die Ermittlung von Abflussganglinien gegeben. Abflussmessungen können außerdem mit Hilfe von Meßwehren oder Tracern erfolgen. Der Wasserstand kann ganz einfach an Lattenpegeln gemessen werden aber bei einer kontinuierlichen Aufzeichnungen, werden unter anderem Schreibpegel verwendet (MANIAK 1992:58-66). Eine Ganglinie stellt den Abfluss über die Zeit dar. "Die Ganglinie ist die Darstellung von beobachteten oder berechneten Daten in der Reihenfolge ihres zeitlichen Auftretens" (MANIAK 1992:89).

6 Modellansätze für Strömungsmodelle

Mit den folgenden Gleichungen in diesem Abschnitt können hydraulische Problemstellungen im offenen Gerinne erfolgreich analysiert werden (HAESTAD ET AL.2003:29). Diese Gleichungen bilden die Modellansätze für stationäre hydrologische Strömungsmodelle, wobei die ersten beiden Gleichungen wichtige Annahmen festhalten.

6.1 Kontinuitätsgleichung

Diese Gleichung beschreibt die Erhaltung der Masse. Masse kann nicht erschaffen werden und nicht zerstört werden, aber ihre Eigenschaften können sich ändern. „Diese Masse muß, sofern sich in dem betrachteten abgegrenzten Raumteil keine Quelle oder Senke befindet, gleich der Zu- oder Abnahme der in dem Raumteil befindlichen Flüssigkeitsmasse sein" (BAUMGARTNER & LIEBSCHER 1996:505).

$$Q = V_1 \cdot A_1 = V_2 \cdot A_2 \tag{5}$$

Q = Abfluss [m³/s]
A = Fließquerschnitt [m²]
V = mittlere Fließgeschwindigkeit am Fließquerschnitt [m/s]

Die Gleichung drückt aus, dass im Vorfluter der Abfluss an jeder Stelle gleich ist, wenn Wasserzugänge (z.B. Nebenflüsse) und Wasserabgänge (z.B. Uferinfiltration) vernachlässigt werden. Die Masse des Wassers bleibt erhalten. Mit der Kontinuitätsgleichung können Änderungen der Fließgeschwindigkeit und Änderungen im Fließquerschnitt von Ort zu Ort verfolgt werden (HAESTAD ET AL.2003:29). In anderen Worten, muss bei Erhaltung der Masse durch jeden Querschnitt die gleiche Masse pro Zeiteinheit fließen. Die mittlere Fließgeschwindigkeit von Wasser ist dem Strömungsquerschnitt umgekehrt proportional. Das heißt, nichts anderes, dass bei einer Querschnittsverengung die mittle Fließgeschwindigkeit zunimmt, damit die gleiche Masse pro Zeiteinheit durch die Verengung transportiert werden kann. Wenn der Fließquerschnitt größer wird, wird die mittlere Fließgeschwindigkeit kleiner (www[1]).

6.2 Energie-Gleichung

Auch Energie kann nicht erschaffen oder zerstört werden, aber ändert sich mit dem Fließen von einem Ort zu einem anderen (HAESTAD ET AL.2003:29). Soll eine Gleichung für die Energiebeziehungen bei Strömungen im Vorfluter aufgestellt werden, muss vor allem der Reibungswiderstand, der als Folge des Flussbettes und der Uferböschung entsteht, in Betracht gezogen werden. Für die eindimensionale Energie-Gleichung werden Parameter verwendet, die dem Flussquerschnitt, durch Messungen entnommen werden können. Das wären die Bezugshöhe, die Wassertiefe und die Fließgeschwindigkeit (GORDON ET AL. 1992:271)

$$z_1 + D_1 + \frac{V_1^2}{2g} = z_2 + D_2 + \frac{V_2^2}{2g} + h_1 \qquad (6)$$

z = Bezugshöhe des Gerinnebodens [m]
D = mittlere Wassertiefe [m]
V = mittlere Fließgeschwindigkeit [m/s]
g = Fallbeschleunigung [m/s]
h_1 = Energieverlust zwischen Punkt 1 & Punkt 2 [m]
$_1$ bzw. $_2$ = Messstelle 1 bzw. Messstelle 2

Der Term z und der Term D repräsentieren die potentielle Energie des Wassers, während der Term V die kinetische Energie des Wassers repräsentiert. Die Summe der kinetischen und der potentiellen Energie ist die totale Energie (specific energy) des Wassers, an einen bestimmten Ort des Vorfluters (HAESTAD ET AL. 2003:30).
Die mittlere Wassertiefe wird bei einem rechteckigen Kanal verwendet, in einem natürlichen Gerinne wird die Wassertiefe am tiefsten Punkt gemessen und verwendet. Mathematisch korrekter ist es, an Stelle von der Wassertiefe, den Druckterm p(Pa)/γ(g/cm³)(spezifische Gewicht) zu verwenden, jedoch kann dies bis zu einer Neigung des Gerinnebettes von 10° vernachlässigt werden (GORDON ET AL. 1992:272).
In der Abbildung 6 sind noch einmal die einzelnen Terme der Energie-Gleichung dargestellt.

Abb.6 Schematic showing the terms in the energy equation. z = the elevation above some datum, V = mean velocity, D = water depth, h_1= head loss over a reach and E_s = specific energy, the sum of velocity and pressure head terms. Subscripts 1 and 2 refer to upstream and downstream cross-section at a stream reach (GORDON ET AL. 1992:273)

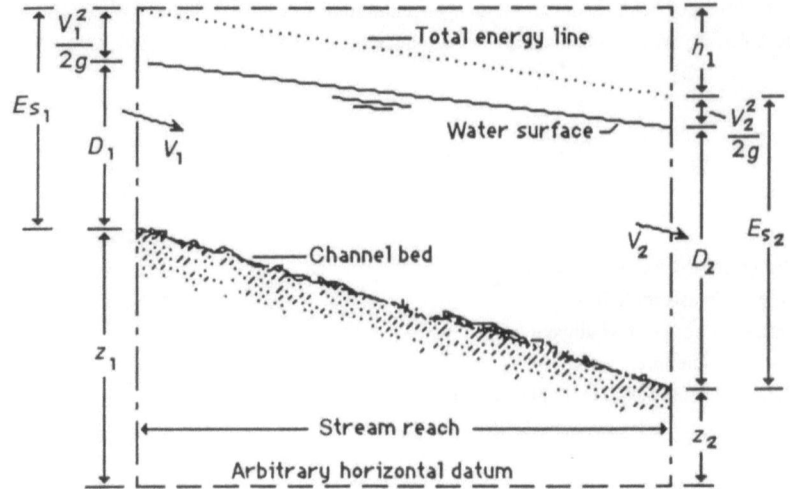

Die Energie-Gleichung besagt, dass mit zunehmender Wegstrecke, die das Wasser im Gerinne zurücklegt, es zu einem Energieverlust kommt. Von einem Punkt 1 flussabwärts zu einem Punkt 2 tritt ein Energieverlust auf, der vor allem durch den Reibungswiderstand im Flussbett und durch die Ufervegetation hervorgerufen wird. Gekennzeichnet ist dies durch eine abschüssige Energielinie (Total energy line) in Abbildung 4. Die Größe des Energieverlustes ist durch den Term h_1 symbolisiert.

6.3 Fließgesetz nach Chézy

Der erste Mensch der versuchte, die Beziehung zwischen der Fließgeschwindigkeit und den Vorflutereigenschaften, in eine Gleichung unter zu bringen, war der französische Ingenieur Antoine Chézy. Er hatte den Auftrag einen Kanal zur Wasserversorgung von Paris zu konstruieren und stellte 1768 seine Gleichung auf (GORDON ET AL. 1992:278). Er machte seine Annahmen für eine stationäre, gleichförmige Strömung, bei der die Gleichmäßigkeit der Fließgeschwindigkeit und der Wassertiefe, eine Folge der Balance zwischen den Reibungs- und Gravitationskräften ist. Dazu machte er Untersuchungen an der Seine und Kanälen in Frankreich (HAESTAD ET AL. 2003:36).

$$V = C\sqrt{r_{hy} \cdot J} \qquad (7)$$

V = mittlere Fließgeschwindigkeit [m/s]
C = Chézy Rauheitskoeffizient
r_{hy} = hydraulische Radius [m]
J = Gefälle der Gerinnesohle (Sohlengefälle) [m/m]

Der Chézy Rauheitskoeffizient variiert von 5 (sehr raue Oberflächen) bis zu 77 (sehr glatte Oberflächen). Andere Wissenschaftler versuchten durch weitere empirische Tests, die Rauheitskoeffizienten weiter zu „veredeln", um bessere Vorhersagen treffen zu können (HAESTAD ET AL. 2003:36). Hauptsächlich abhängig ist der Chézy Rauheitskoeffizient, vom hydraulischen Radius und der Gerinnebettrauhigkeit. Ist der Chézy Rauheitskoeffizient bekannt, ist es leicht möglich die mittlere Fließgeschwindigkeit bzw. Strömungsgeschwindigkeit für einen Flussquerschnitt zu berechnen (HORNBERGER ET AL.1998:87).

6.4 Das Manning-Strickler Fließgesetz

Einen weitern Ansatz lieferte der irische Ingenieur Robert Manning, der durch Versuche feststellte, dass es die Verwendung von r_{hy} $^{2/3}$ besserer Ergebnisse erzielt, als der Ansatz von Chézy mit $r_{hy}^{1/2}$.1889 veröffentlichte er seinen überarbeiteten Ansatz, der auch wie die Chézy Gleichung von einer stationären Strömung ausgeht. Spätere Laboruntersuchungen haben ergeben, dass die Gleichung auch für instationäre Strömungen gültige Werte erzielt. Auch diese Gleichung besitzt einen empirischen Ansatz, mit einem Rauheitskoeffizienten (HAESTAD ET AL. 2003:36f).

$$V = k_{st} \cdot r_{hy}^{2/3} \cdot J^{1/2} \qquad (8)$$

V = mittlere Fließgeschwindigkeit
k_{st} = Manning-Strickler Rauheitskoeffizient
r_{hy} = hydraulischer Radius [m]
J = Sohlengefälle [m/m]

Glatte Flächen werden durch kleine Rauheitswerte symbolisiert und raue Flächen durch große Werte des Manning's Rauheitskoeffizient. In Flussoberläufen ist die effektive Rauhigkeit eher durch Beckenstrukturen oder anstehendes Gestein bestimmt, als durch das Gesteinsmaterial im Flussbett (HORNBERGER ET AL.1998:88). Auch der Manning-Strickler-Rauheitskoeffizient leitet sich von Kenntnissen über das Gerinne ab. Ähnlich wie beim Chézy-Koeffizienten von der Rauhigkeit des Flussbettes und der Ufervegetation (DAVIE 2003:83).

Diese Gleichung findet wegen seiner leichten Handhabung auch noch heute oft Verwendung. Denn es existieren eine Vielzahl von Tabellen, wo Rauheitsbeiwerte für verschiedene Medien angegeben sind, jedoch sind diese Werte in Laboren ermittelt wurden und nur bedingt auf natürliche Vorfluter übertragbar. Diese empirische Fließformel ist am besten geeignet für ingenieurtechnische Anwendungen z.B. bei Kanälen. Herrschen geringe Fließgeschwindigkeiten, ein niedriges Gefälle und der k_{st} – Wert ist nicht bekannt, bzw. kann nicht eindeutig definiert werden, ist die Gleichung nicht geeignet (FLÜGEL 1988:104f).

Ein weiterer Nachteil dieses Ansatzes ist, dass der Rauheitsbeiwert k_{st} nicht dimensionslos ist und die physikalischen Verhältnisse nicht immer korrekt beschrieben werden (BAUMGARTNER & LIEBSCHER 1996:515f).

6.5 Darcy-Weisbach-Fließgesetz

Auch bei diesem Ansatz wird von einer stationären, gleichförmigen Strömung ausgegangen. Es wird ein schmaler Abschnitt vom Gerinne betrachtet und vorausgesetzt, dass die Geschwindigkeit gleichmäßig im Fließquerschnitt verteilt ist, ebenso wie die Wandschubspannung gleichmäßig über den Gerinneumfang verteilt ist. Es werden daher Mittelwerte der Fließgeschwindigkeit, wie Mittelwerte der Wandschubspannung im Darcy-Weisbach Fließgesetz benutzt (BAUMGARTNER & LIEBSCHER 1996:513f). "Aus Gleichgewichtsgründen folgt, daß die über den gesamten Umfang U verteilte Wandschubspannung gleich der über den Fließquerschnitt verteilten Schwerkraft ist" (BAUMGARTNER & LIEBSCHER 1996:514).

Die Formel zu Berechung der Wandschubspannung lautet:

$$(9)$$

$$\tau_o = \frac{\gamma \cdot d \cdot J}{4}$$

τ_0 = Wandschubspannung
γ = Schwerkraft
d = hydraulische Durchmesser ($d = 4 \cdot r_{hy}$)

J = Sohlengefälle

Die Schubspannungsgeschwindigkeit an der Wand berechnet sich wie folgt:

$$v_o^* = \sqrt{\frac{\tau_o}{\rho}} \qquad (10)$$

v_o^* = Schubspannungsgeschwindigkeit
τ_0 = Wandschubspannung
ρ = Dichte

Das Darcy-Weisbach-Fließgesetz lautet:

$$V = \frac{\sqrt{2 \cdot g \cdot J \cdot D}}{\sqrt{\lambda}} \qquad (11)$$

V = mittlere Fließ/Strömungsgeschwindigkeit [m/s]
g = Fallbeschleunigung [m/s]
J = Sohlengefälle [m/m]
d = hydraulischer Durchmesser (siehe Gleichung (9))
λ = Reibungsbeiwert (Darcy-Weisbach Koeffizient)

Der Reibungsbeiwert λ ist von der Gerinnebeschaffenheit als auch vom Fließzustand (siehe 4.3 REYNOLD'sche Zahl) abhängig. Ein wichtige Rolle für den Reibungsbeiwert λ spielt es, ob eine laminare oder eine turbulente Strömung vorhanden ist. Dagegen übt die Art des Abflusses, strömend oder schießend (4.4), keinen Einfluss auf den Darcy-Weisbach Koeffizienten aus. Mit Hilfe des hergeleiteten Widerstandgesetzes für Rohrströmungen nach COLEBROOK-WHITE, kann der Reibungsbeiwert λ für offene Gerinne abgeschätzt werden (BAUMGARTNER & LIEBSCHER 1996:514). Die Gleichung kann nicht analytisch, sondern nur numerisch gelöst werden.

$$\frac{1}{\sqrt{\lambda}} = -2,03 \cdot \lg\left(\frac{2,51}{f \cdot Re \cdot \sqrt{\lambda}} + \frac{\varepsilon}{3,71}\right) \qquad (12)$$

λ = Reibungsbeiwert (Darcy-Weisbach-Koeffizient)
f = Sättigungsdefizit
Re = REYNOLDS-Zahl
$\varepsilon = \dfrac{k_s}{(4 \cdot r_{hy})}$ relative Rauhigkeit

(k$_s$ = äquivalente Sandrauhigkeit - aus Tabellen ablesbar)

Variieren die Rauheitsverhältnisse und die Fließtiefe über den Querschnitt so sehr, dass keine einheitlichen Geschwindigkeitsverhältnisse vorherrschen, wird das Gerinne in einzelne Teilbereiche untergliedert. Die Fließgeschwindigkeit wird für jeden Teilabschnitt getrennt berechnet und später die Summe gebildet. Jedoch müssen dabei auch die Interaktionen berücksichtig werden, die an den Trennflächen auftreten (BAUMGARTNER & LIEBSCHER 1996:516). INDLEKOFER (2005:47-51) beschreibt einen Lösungsansatz bei der Verwendung von der Darcy-Weisbach-Formel, wo diese Rauheitsüberlagerung an den Trennflächen berücksichtigt werden.

Die genannten Fließgesetze sind ein Versuch den Zusammenhang zwischen Fließgeschwindigkeit, Gefälle und Rauhigkeit unter stationärer Strömung auszudrücken. Die Fließgeschwindigkeit ist neben dem Reibungsbeiwert auch vom Gefälle und dem hydraulischen Radius abhängig. Der hydraulische Radius ist abhängig von der Wasserführung, sprich dem Wasserstand. Bedeuten tut dies, dass die Fließgeschwindigkeit mit größer werdendem Abfluss auch ansteigt. Das Darcy-Weisbach-Fließgesetz wird in der heutigen offenen Gerinnehydraulik zunehmend verwendet (BAUMGARTNER & LIEBSCHER 1996:515f).

7 Modelldimensionen

Die beschriebene Modellansätze unter Punkt 6, sind Ansätze wo der Vorfluter eindimensional betrachtet wird. Dies bedeutet, dass der Wasserspiegel bzw. die Energielinie von einer Uferseite zur anderen konstante Werte besitzen bzw. eben ist (HAESTAD ET AL. 2003:19). Die Richtungsvektoren sind nur in der X-Richtung ausgerichtet. Die Geschwindigkeitsvektoren sind alle parallel und Wasserbewegung in der Y und Z Ebenen werden nicht betrachtet. Diese Vereinfachung ist bei der Betrachtung von „großen" Vorfluterstrecken angemessen. Das HEC-HMS (Hydrologic Model System) ist ein Modell, dass für diesen Einsatz konzipiert ist. Soll des Weiteren auch die Wasserbewegung in der Y-Richtung betrachtet werden, wird von einem zweidimensionalen Modell gesprochen. Diese Form der Analyse wird meist nur auf kurzen Teilabschnitten vom Vorfluter und bei der Simulation von kurzen Zeitperioden angewendet. Die Ursache liegt darin, dass ein viel höherer Datenaufwand, Rechenaufwand und Kostenaufwand nötig ist. Ein Modell, welches dazu in der Lage ist, heißt RMA2. Bei einem dreidimensionalen Modellansatz ist der Daten- und Rechenaufwand noch größer als bei dem zweidimensionalen Ansatz. Denn nun wird auch die Wasserbewegung in der Z-Richtung betrachtet. Zur Lösung von zwei- und dreidimensionalen Modellansätzen ist die Bewegungsgleichung nach Navier-Stokes notwendig. Da die Bewegung und Strömungsrichtung des Wassers modelliert werden soll, handelt es sich um dynamische Strömungsmodelle. Diese finden hauptsächlich Anwendung bei Wasserbauwerken und Ingenieurfragen. Ein Name für ein dreidimensionales Modell lautet RMA10 (HAESTAD ET AL. 2003:81-90).

8 Abflussrouting

Abflussrouting heißt frei übersetzt soviel wie Abflussberechnung." The National Engineering Handbook (Mockus and Styner, 1972) defines routing as „computing the flood at a downstream point from the flood at an upstream point, taking storage into account" " (HAESTAD & DURRANS 2003:645).

Die Strömungsmodelle der Abschnitte 6.3 bis 6.5 sind nur anwendbar unter der Annahme, dass es sich im eine stationäre Strömung handelt, sprich die Fließgeschwindigkeit und die

Tiefe sich über die Zeit an einem Ort nicht ändern. Diese Annahme ist eine Vereinfachung, jedoch sind die physikalischen Prozesse die in einem natürlichen Vorfluter auftreten viel komplexer. In der Natur herrschen viel öfter instationäre Strömungsverhältnisse vor (HAESTAD ET AL. 2003:563-565). Dabei kommt es zur lokalen Beschleunigung (durch steileres Gefälle) oder Abbremsung des Gewässers (durch Rückstau an Bauwerken oder flacheres Gefälle). Aus der Kontinuitätsgleichung (6.1) folgt deshalb, dass ein vermehrter Zufluss zu einem Anstieg des Wasserstandes führt und sich ein Abschnitt mit erhöhtem Wasserspiegelgefälle bildet und dies führt zu einem beschleunigten Abfluss. Kommt es zu einer Abnahme des Zuflusses, kommt es auch zu einem verringerten Abfluss und der Abfluss wird deshalb verzögert (siehe Abb.1 instationäre Strömung). Diese Wasserstand-Abfluss-Beziehung kann sich saisonal mit der Vegetation ändern (BAUMGARTNER & LIEBSCHER 1996:519f).Solche Effekte können mit den Strömungsmodellen unter Punkt 6 nicht berücksichtigt werden. Außerdem können Effekte wie die Uferspeicherung (Abschnitt 2) bei einer stationären Strömung nicht berücksichtigt werden.

Abflussrouting wird verwendet um bei Abflussmodellen eine Abflussganglinie zu modellieren bzw. den Ablauf einer Hochwasserwelle zu modellieren. Wenn sich eine Hochwasserwelle den Vorfluter flussabwärts bewegt, kommt es zu einer Änderung des Wasserstandes (Tiefe). Deshalb muss bei der Modellierung von einer instationären Strömung ausgegangen werden. Die Hochwasserwelle wird, z.B. durch Uferspeicherung, über die Zeit auf der Vorfluterstrecke abgeflacht. In der folgenden Abbildung ist dies schematisch dargestellt (DYCK & PESCHKE 1995:415).

Abb.7 Hochwasserwellenablauf (-abflachung) auf der Flussstrecke A-C mit den Scheiteldurchflüssen $Q_{sA}>Q_{sB}>Q_{sC}$, den Hochwasserdauern $t_{gA}<t_{gB}<t_{gC}$ und Hochwassersummen $SQ_A \approx SQ_B \approx SQ_c$ (DYCK & PESCHKE 1995:415)

18

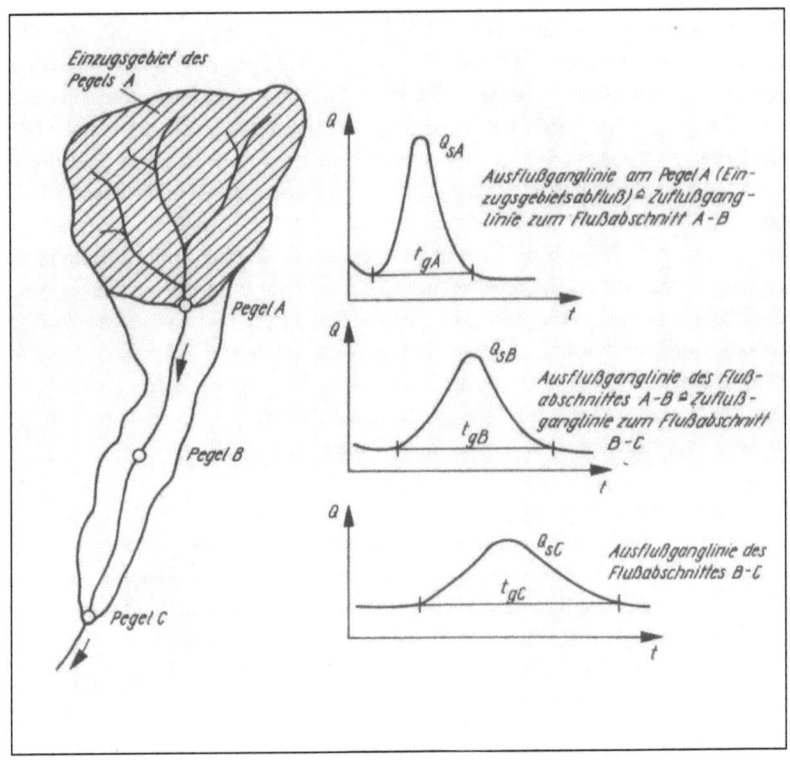

Neben der Uferspeicherung ist eine weitere Ursache für die Abflachung der Hochwasserwellen durch die Auen gegeben. Tritt ein Vorfluter in Folge eines Hochwassers über die Ufer, trifft er auf ganze andere Widerstände. In Auen oder außerhalb seines Gerinnebettes sind es je nach Ort z.B. Gräser, Bäume oder Bauwerke. Durch diese Hindernisse wird die Vorfluter in seinem Abfluss gebremst. Bewegt sich eine Hochwasserwelle flussabwärts wird die Hochwasserspitze in Folge von Reibung und Uferspeicherung gedämpft, zurückgehalten bzw. tritt verzögert ein (HORNBERGER ET AL.1998:104f).

9 Modellansätze

9.1 wichtige Grundannahmen

Der große Unterschied zu den Strömungsmodellen unter Punkt 6.3 bis 6.5 ist, dass beim Abflussrouting von einer instationären Strömung (4.1) ausgegangen wird. Auch bei dem Abflussrouting ist das Kontinuitätsgesetz (6.1) und die Energiegleichung (6.2) gültig. Dieses besagt bei einer instationären Strömung:

Schwerkraft – Druckkraft – Reibungskraft = Masse * Beschleunigung

(DYCK & PESCHKE 1995:415).

9.2 Die Saint-Venant-Gleichungen

Die Saint-Venant-Gleichungen sind der mathematische Modellansatz um eine instationäre Strömung zu beschreiben. Am Anfang des 19. Jahrhunderts wurde diese Gleichungen von Jean Claude Barre de Saint Venant aufgestellt. Praktische Anwendung fanden sie allerdings erst ab 1950. Ursache war, dass die Gleichungen nicht analytisch sondern nur numerisch gelöst werden kann. Die Modellierung von instationären Strömungen befasst sich damit, wie sich der Wasserstand und die Strömung über die Zeit flussabwärts ändern (HAESTAD ET AL.2003:571-573).

$$\frac{\delta Q}{\delta x} + \frac{\delta A}{\delta t} = 0 \qquad \text{Massenbilanz-Kontinuitätsgleichung} \qquad (13)$$

$$\frac{\delta V}{\delta t} + V\frac{\delta V}{\delta x} + g\frac{\delta y}{\delta x} - g\left(s_o - s_f\right) = 0 \qquad \text{Energiebilanz-Bewegungsgleichung} \qquad (14)$$

δ = Veränderung
A = Fliesquerschnittsfläche [m^2]
t = Zeit [s]
x = Streckenlänge [m]
Q = Abfluss [m^3/s]
V = Fliessgeschwindigkeit [m/s]
y = hydraulische Tiefe [m]
g = Fallbeschleunigung [9,81m/s]
s_o = Sohlengefälle [m/m]
s_f = Reibungsneigung [m/m]
(Energieverlust zw. 2 Punkten[m]/Länge zw. den 2 Punkten[m])

Da die Gleichungen nur numerisch lösbar sind und bei großen Einzugsgebieten auch einen enormen Rechenaufwand nach sich zieht, sind einige Vereinfachungen vorgenommen wurden. Bei diesen Vereinfachungen handelt es sich um Modellansätze, die bestimmte Terme der Saint-Venant-Gleichungen ausschließen und daher nur unter bestimmten Randbedingungen anwendbar sind. In der Abbildung 8 sind die einzelnen Ansätze und ihr Bezug zu den Saint-Venant Gleichungen aufgeführt (DYCK & PESCHKE 1995:415).

Abb.8 Saint-Venant-Gleichung zur eindimensionalen Darstellung des instationären, sich allmählich verändernden Strömungsprozesses beim Ablauf von Hochwasserwellen und Möglichkeiten der Modellreduktion (Vereinfachung des Gleichungssystems) (DYCK & PESCHKE 1995:415)

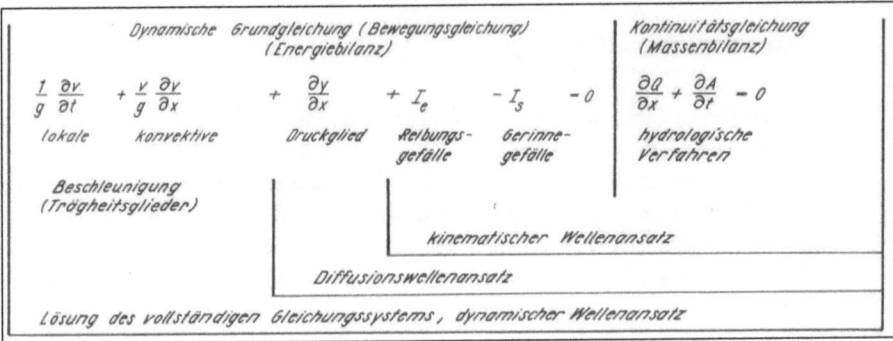

9.3 Diffusionswellenansatz

Wie aus Abbildung 8 hervorgeht werden bei diesem Modellansatz die Trägheitsglieder der Saint-Venant-Gleichung vernachlässigt. Dieser Ansatz kann für Wellenabflachungsberechnungen in Flüssen ohne signifikante Rückstaueffekte verwendet werden (DYCK & PESCHKE 1995:417f). Weiterhin werden dynamische Effekte als nicht signifikant betrachtet. Zu den nötigen Parametern gehören, das Profil des Fließquerschnittes, die Länge des betrachteten Fluss (Abschnitt), die Neigung der Energielinie und der Manning Koeffizient (6.4) Dieser Ansatz liefert keine guten Ergebnisse bei der Betrachtung von Vorflutern, die unter dem Einfluss von Gezeiten stehen (HAESTAD ET AL.2003:574) Die Gleichung für diesen Ansatz lautet:

$$\frac{\delta Q}{\delta t} + bQ \frac{\delta Q}{\delta x} = a \frac{\delta^2 Q}{\delta^2 x} \qquad (15)$$

21

δ = Veränderung
Q = Abfluss [m³/s]
t = Zeit [s]
x = Streckenlänge [m]
a, b = Koeffizienten

9.4 Kinematischer Wellenansatz

Bei diesem Ansatz wird zusätzlich noch das Druckglied vernachlässigt, so dass von der Saint-Venant-Gleichung nur noch der Gravitations- & Reibungsterm übrig bleibt. Besonders eignet sich dieser Ansatz für Oberflächenabfluss an Hängen bzw. bei steilem Gefälle. Denn solange die Gravitationskraft die maßgebende Antriebskraft der Strömung ist, ist es möglich befriedigende Ergebnisse zu erlangen (DYCK & PESCHKE 1995:419). Bei diesem Ansatz wird die Veränderung der Strömung über die Distanz und Zeit betrachtet. Allerdings sollten die Änderungen von der Strömung nur langsam von sich gehen. Da bei diesem Ansatz auch nur die Hochwasserwellenbewegung flussabwärts beschrieben wird, werden ebenso wie bei 8.3. keine Rückstaueffekte betrachtet (HAESTAD ET AL.2003:578). Ein wichtiger Parameter bei diesem Modellansatz ist die Wellengeschwindigkeit.

$$\frac{\delta Q}{\delta t} + c\frac{\delta Q}{\delta x} = 0 \qquad (16)$$

δ = Veränderung
Q = Abfluss [m³/s]
t = Zeit [s]
x = Streckenlänge [m]
c = Wellengeschwindigkeit [m/s]

9.5 Konzeptionelle Verfahren

Die konzeptionellen Verfahren sind dadurch charakterisiert, dass sie nicht so einen hohen Parameterbedarf wie Modellansätze 8.2. bis 8.4 haben. Die Parameter, die in den konzeptionellen Verfahren verwendet werden, sind weniger physikalisch begründet und allgemein lassen sich diese Ansätze leichter handhaben (DYCK & PESCHKE 1995:420).
Die Grundannahme bei diesen Verfahren ist, dass bei einem betrachteten Flussabschnitt, der Abfluss aus diesem Flussabschnitt gleich dem Zufluss ± Speicheränderung ist. Ausgedrückt in einer Gleichung, sieht diese wie folgt aus.

$$I - Q = \frac{\delta S}{\delta t} \qquad\qquad (17)$$

δ = Veränderung
S = Speicher [m³]
I = Zufluss [m³/s]
Q = Abfluss [m³/s]
t = Zeit [s]

Der Vorfluter kann in einzelnen Teilspeicher unterteilt werden. Es ergibt eine Kette von linearen Einzelspeichern, bei der der Abfluss des einen Speichers den Zufluss zum nächsten Speicher bildet. Dieser Ansatz wird als lineare Speicherkaskade bezeichnet. Dadurch kann die Berechnung und Vorhersage von Durchflüssen an einem Längsschnitt erfolgen (DYCK 1978:104, 399).
Kalin und Muljukov verwendeten diesen Ansatz erstmalig und teilten dabei einen Flussabschnitt in gleichgroße Unterabschnitte und setzten für jeden Unterabschnitt einen Einzellinearspeicher an (DYCK & PESCHKE 1995:421).

9.5.1 Muskingum Routing

Der Name stammt vom Einzugsgebiet des Muskingum River in Ohio. Dort wurde dieser Ansatz entwickelt und angewendet. Mit dieser Methode ist es möglich das Volumen des (Einzellinear) Speichers zu berechnen und zwar nach der folgenden Gleichung (HAESTAD & DURRANS 2003:170).

$$S = K\left[XI + (1 - X)O\right] \qquad\qquad (18)$$

S = Speichervolumen im Flussabschnitt [m³]
K = Speicherkonstante, die der Abflusszeit durch die Teilstrecke meist gleichgesetzt wird [s]
X = dimensionsloser Wichtungsfaktor
I = Zufluss zum Speicher [m³/s]
O = Abfluss aus dem Speicher [m³/s]

Die Parameter K und der dimensionslose Wichtungsfaktor X werden durch die morphologischen Eigenschaften des Flussabschnittes bestimmt (DYCK & PESCHKE 1995:422). Der Wertebereich des Wichtungsfaktor X liegt bei den meisten Flüssen zwischen 0,1 und 0,4. Kleine Werte ergeben sich durch Flüsse die große bzw. viele Auenbereiche besitzen bzw. über ein großes Speichervolumen verfügen. Große Werte für den Wichtungsfaktor, sprechen eher für enge Canyons, also Flüssen mit einem geringen Speichervolumen (HAESTAD & DURRANS 2003:170). Die Hauptparameter die für diesen Ansatz wichtig sind, sind K, die Zeit die das Wasser benötigt um den Teilabschnitt zu durchfließen [s] und der Wichtungsfaktor X, der Werte zwischen 0 und 0,5 annehmen kann. Bei diesem Ansatz, wie bei allen Abflussrouting Ansetzen, ist das Vorhandensein einer Vergleichsganglinie, bzw. ein gemessener Abfluss an dem dann das Modell fein abgestimmt wird, vorteilhaft (HAESTAD ET AL.2003:574).

9.5.2 Muskingum-Cunge-Routing

1969 modifizierte Cunge das Muskingum Verfahren vom kinematischen Wellenansatz zu einer Methode unter dem Diffusionswellenansatzes. Die Parameter K und X können nun von den Eigenschaften des Flussbettes und den Eigenschaften des Fließwiderstandes abgeleitet werden. Dadurch können die Parameter wie folgt berechnet werden (HAESTAD & DURRANS 2003:649, DYCK & PESCHKE 1995:423).

$$K = \frac{\Delta x}{c} \tag{19}$$

$$X = \frac{1}{2}\left(1 - \frac{Q}{B \cdot c \cdot S_o \cdot \Delta x}\right) \tag{20}$$

Q = Abfluss [m³/s]
B = Breite der Wasseroberfläche [m]
S_o = Sohlengefälle
ΔX = Veränderung des Ortes bzw. die Streckenlänge [m]
c = Wellengeschwindigkeit [m/s]

Auch die Muskingum-Cunge Methode kann keine Rückstaueffekte betrachten und eignet sich nicht für Berechnung von schnell ansteigende Ganglinien (HAESTAD & DURRANS 2003:649).

Weiter Ansätze sind die Diffusionsanalogie und Parallelspeicherkaskaden. Die Gemeinsamkeit der konzeptionellen Verfahren liegt darin, dass versucht wird die Parameter aus Geometrie und Rauheitsdaten der Fließgewässer zu bestimmen. Ansonsten müssen die Parameter empirisch, z.B. aus gemessenen Hochwasserwellen, abgeleitet werden (BUCHHOLZ 2001:249).

Routingverfahren, wie das Muskingum-Cunge Routing, sind Teile von Abfluss-Modellen und ist z.B. auch im PRMS-Modell integriert. Genutzt werden diese Verfahren um die zeitliche Dynamik des Abfluss (Abflussverzögerung z.B. durch Uferspeicherung) in Ganglinienberechnungen mit Einfließen zu lassen. In der folgenden Abbildung ist die Verzögerung bzw. Dämpfung der Abflussspitzen grafisch verdeutlicht (STAUDENRAUSCH 2001:98-102).

Abb.9 Beispiel für den Einfluss eines Routingverfahrens auf die Abflussganglinie (STAUDENRAUSCH 2001:98)

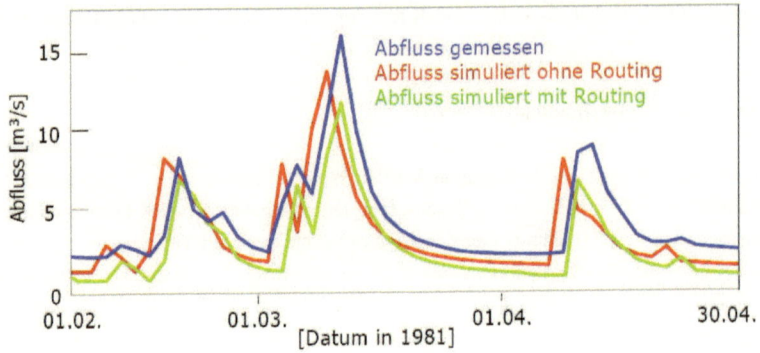

10 Zusammenfassung

Die Strömung im Vorfluter kann verschieden charakterisiert werden. Dies geschieht mit der REYNOLDschen Zahl um Strömungen als laminar bzw. turbulent zu klassifizieren. Mit der FROUDE'sche Zahl kann eine Strömung in strömend oder schießend eingeteilt werden. Wichtige Parameter bei diesen Charakterisierungsverfahren sind die mittlere Fließgeschwindigkeit und der hydraulische Radius. Es gibt zwei Hauptmodellansätze bei der hydraulischen Strömungsmodellierung. Die Modellansätze unter der Annahme einer stationären Strömung und die Modellansätze wo von einer instationären Strömung ausgegangen wird. Beide Modellansätze haben die Kontinuitäts- und die Energiegleichung als Grundannahme. Fließgesetze nach Chézy, Manning-Strickler und Darcy-Weisbach gehören zu den Modellansätzen für stationäre Strömung. Die Hauptparameter sind das Sohlengefälle, der hydraulische Radius und die Rauheitsverhältnisse, sprich Werte die sich vom Fließquerschnittsprofil ableiten lassen, welches deshalb gründlich ausgesucht werden sollte. Alle drei Modellansätze haben einen empirischen Bestandteil und zwar den Rauheitswert, der sich aus Eigenschaften des Flussbettes (z.B. Gerinnebettrauhigkeit) ableitet. Die Modellansätze der instationären Strömung beruhen auf den Vereinfachungen der Saint-Venant-Gleichungen, wie z.B. dem Kinematischen- und Diffusionswellenansatzes. Das Muskingum bzw. das Muskingum-Cunge Verfahren sind Abflussroutingansätze zur Berechnung der Speichergröße eines Einzugsgebietes. Wichtige Parameter für die Berechnung instationärer Strömungsverhältnisse sind Abflusswerte (Zufluss zum betrachteten Speicher und der Abfluss aus dem Speicher) und Einflussfaktoren die die Größe des Speichers beeinflussen. Solche Faktoren können sein: Klimaverhältnisse, Vegetation, Böden, Grundwasserverhältnisse und Geologie.

Ihr Vorteil besteht darin, dass mit Hilfe des instationären Strömungsansatzes, Verzögerungen des Abflusses durch Speicherungsprozesse bei der Abflussberechnung berücksichtigt werden können. Dadurch liefern diese Ansätze bessere bzw. naturgetreuere Ergebnisse als die Abflussmodellierung unter der Annahme von stationärer Strömung.

Literatur

BUCHHOLZ, O. (2001): Hydrologische Modelle -Theorie der Modellbildung und Beschreibungssystematik. In: KÖNGETER, J. (Hrsg.):Lehrstuhl und Institut für Wasserbau und Wasserwirtschaft. Technische Hochschule Aachen. Bd. 122. Aachen.

BAUMGARTNER, A. & H.-J. LIEBSCHER (1996^2): Allgemeine Hydrologie. Quantitative Hydrologie. Berlin, Stuttgart.

DAVIE, T. (2003): Fundamentals of Hydrology. London, New York.

DYCK, S. (1978): Angewandte Hydrologie. Teil 2. Der Wasserhaushalt der Flußgebiete. Berlin.

DYCK, S. & G. PESCHKE (1995): Grundlagen der Hydrologie. Berlin.

FLÜGEL, W.-A. (1988): Niederschlag, Grundwasser, Abfluss. Ergebnisse aus dem hydrologisch-geomorphologischen Versuchsgebiet „Hollmuth" des Geographischen Instituts der Universität Heidelberg. In: BARTSCH, D. & W.-A. FLÜGEL (Hrsg.) Heidelberger Geographische Arbeiten. Bd. 66. 101-125.

GORDON, N.-D., MCMAHON, T.-A. & B.-L. FINLAYSON (1992): Stream Hydrology. An Introduction For Ecologists. Chichester, New York, Brisbane, Toronto, Singapore.

HAESTAD (Hrsg.) & S.-R. DURRANS (2003): Stormwater Conveyance Modeling And Design. Waterbury.

HAESTAD (Hrsg.), DYHOUSE, G., HATCHETT, J. & J. BENN (2003): Floodplain Modeling Using HEC-RAS. Waterbury.

HAESTAD (Hrsg.), WALSKI, T.-M., BARNARD, T.-M., DURRANS, S.-R. & M.-M. MEADOWS (2002^5): Computer Applications in Hydraulic Engineering. Connecting Theory to Practice. o.O.

HORNBERGER, G.-M., RAFFENSPERGER, J.-P., WIBERG, P.-L. & ESHLEMAN, K.-N. (1998): Elements of Physical Hydrology. Baltimore, London.

INDLEKOFER, H.-M.-F. (2005): Die Darcy-Weisbach-Formel bei extremer Rauheitsgliederung in Fließgewässern. In: Wasser und Abfall:12. 47-51.

MANIAK, U. (1992²): Hydrologie und Wasserwirtschaft. Eine Einführung für Ingenieure. Berlin, Heidelberg, New York, London, Paris, Tokyo, HongKong, Barcelona, Budapest.

SIEDSCHLAG, S. (2005): Kontinuierliche Durchflussmessung mit einem Horizontal-Ultraschall-Dopplergerät. In: Wasserwirtschaft:4. 8-12.

STAUDENRAUSCH, H. (2001): Untersuchungen zur hydrologischen Topologie von Landschaftsobjekten für die distributive Flussgebietsmodellierung. Jena.

Internet Literatur

www[1]

http://www.iwar.bauing.tu-darmstadt.de/WV/Deutsch/lehre/Hoersaaluebung_Aufg4-7.pdf

letzter Zugriff: 20.01.06

Gleichungsübersicht

(1) (BAUMGARTNER & LIEBSCHER 1996:512)

(2) (BAUMGARTNER & LIEBSCHER 1996:512)

(3) (BAUMGARTNER & LIEBSCHER 1996:513)

(4) (GORDON ET AL. 1992:157)

(5) (GORDON ET AL. 1992:222)

(6) (GORDON ET AL. 1992:271)

(7) (HAESTAD ET AL. 2003:36)

(8) (BAUMGARTNER & LIEBSCHER 1996:515)

(9) (BAUMGARTNER & LIEBSCHER 1996:514)

(10) (BAUMGARTNER & LIEBSCHER 1996:514)

(11) (BAUMGARTNER & LIEBSCHER 1996:514)

(12) (BAUMGARTNER & LIEBSCHER 1996:514)

(13) (DYCK & PESCHKE 1995:415)

(14) (HAESTAD ET AL. 2003:572)

(15) (HAESTAD ET AL.2003:574)

(16) (HAESTAD ET AL.2003:574)

(17) (HAESTAD & DURRANS 2003:646)

(18) (HAESTAD & DURRANS 2003:170)

(19) (HAESTAD & DURRANS 2003:649)

(20) (HAESTAD & DURRANS 2003:649)